U0133431

林业草原科普读本

中国经济林

国家林业和草原局林业和草原改革发展司
国家林业和草原局宣传中心 编

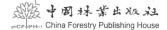

中国林业出版社
China Forestry Publishing House

图书在版编目（CIP）数据

中国经济林 / 国家林业和草原局林业和草原改革发
展司，国家林业和草原局宣传中心编 . — 北京：中国林
业出版社，2023.2（2023.10 重印）

ISBN 978-7-5219-2142-7

Ⅰ . ①中… Ⅱ . ①国…②国 Ⅲ . ①经济林—研究
—中国 Ⅳ . ① S727.3

中国国家版本馆 CIP 数据核字（2023）第 035139 号

策划编辑：何　蕊
责任编辑：何　蕊　杨　洋
封面摄影：邱翠云
装帧设计：五色空间

中国经济林
Zhongguo Jingjilin
———————————————————

出版发行　中国林业出版社

　　　　　（100009，北京市西城区刘海胡同7号，电话：83143580）

电子邮箱：cfphzbs@163.com

网　　址：www.forestry.gov.cn/lycb.html

印　　刷：河北京平诚乾印刷有限公司

版　　次：2023年2月第1版

印　　次：2023年10月第2次印刷

开　　本：787mm×1092mm　1/32

印　　张：4.5

字　　数：80千字

定　　价：35.00元

党的二十大对新时代新征程生态文明建设作出了重大决策部署，对建设人与自然和谐共生的现代化作出了重要战略安排："大自然是人类赖以生存发展的基本条件。尊重自然、顺应自然、保护自然，是全面建设社会主义现代化国家的内在要求。必须牢固树立绿水青山就是金山银山的理念，站在人与自然和谐共生的高度谋划发展。"

为了让更多人了解中国生态保护所做的努力，使生态保护、人与自然和谐共生的理念深入人心，国家林业和草原局宣传中心组织编写了"林业草原科普读本"，包括《中国国家公园》《中国草原》《中国自然保护地》《中国湿地》《中国国有林场》《中国林草应对气候变化》等分册。

经济林是《森林法》规定的林种，是森林生态系统的重要组成部分，是自然、经济、社会高度复合的森林生态系统类型，不仅能够提供丰富的经济林产品，而且在维护生态平衡、保障粮油安全、保障果品供给、保障工业原料供给、提高人民生活质量等方面具有重要作用。

我国经济林发展，认真践行"绿水青山就是金山银山"理念，坚持不懈、久久为功，取得了显著成效。全国经济林面积达到 4000 多万公顷，产量超过 2 亿吨，产值超过 2.2 万亿元。经济林产业已经成为我国融合第一、二、三产业的重要产业，成为全国林业和很多地方的支柱产业，对助力打赢脱贫攻坚战、巩固脱贫攻坚成果、促进乡村振兴、实现共同富裕的作用很大、贡献很大，未来发展潜力仍然很大。

本书介绍了经济林的基本概念和内涵，以及木本油料、干鲜果品、饮料调料、工业原料、森林药材等主要经济林树种，图文并茂、简练生动地帮助读者了解经济林的相关知识。经济林树种非常丰富，受篇幅限制，只能择取一部分简略述及，后续我们还将以其他方式为广大读者呈现更为详尽、全面的介绍。

编者

2022 年 12 月

竹笋（娄伦权摄影）

目 CONTENTS

▲ 刺梨（贵州省林业局供图）

🔵 油茶采收（杨涛摄影）

第一章
活色生香的经济林

01 什么是经济林

　　森林的功能和种类很多，早在先秦时期人们就有深刻的认识。《尚书·禹贡》描写了冀、兖、青、扬等九州的山川风貌、森林物产。现代生态学和林学认为，森林是陆地生态系统的重要组成部分，不仅具有维护生态平衡的自然功能，还有生产木材和非木质林产品的经济功能，同时也被赋予了美妙的人文意蕴。

《诗经·商颂·殷武》中"陟彼景山，松柏丸丸。是断是迁，方斫是虔"的诗句，记载的虽然是早期先民采伐木材的劳作场景，同时也形象地表达出类似青绿山水画作的意境。

　　森林的开发利用，不只是简单的伐木取材。在众多的森林类型中，有一类主要是用来生产果品、食用油料、饮料、调料、工业原料和药材等非木质产品的经济林。因为经济林，森林生态系统有了更为丰富的结构和层次、更为多样的物种和功能。

▽ 青山不负人（贵州省林业局供图）

　　远古时期，经济林是早期人类物质生活的重要来源。时至今日，现代社会多彩的日常生活、丰富的食品供给在很大程度上仍然有赖于经济林。放眼未来，在推动绿色发展、建设美丽中国、实现人与自然和谐共生的新征程上，经济林也被赋予了统筹自然保护利用与经济社会发展，实现生态美、百姓富有机统一的新内涵、新使命。

　　经济林内涵的丰富与灵动，或许只有用活色生香才能略略表达。

▲ 玫瑰（香精、食品工业原料）（冯笑薇摄影）

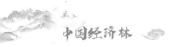

02 经济林的属性

　　森林是重要的陆地生态系统、天然的氧气制造厂和储碳库，具有涵养水源、保持水土、防风固沙、调

▽ 油茶基地（江西省林业局供图）

节气候、净化空气、维护生物多样性等诸多生态功能。经济林不仅具有上述生态功能，还能够为人类提供种类丰富的经济林产品。新疆的经济林与农田形成了稳定的农林复合经营体系，减少了沙尘暴、干热风、沙丘流动对农业生产的不利影响。黄土高原地区苹果

🔺 刺梨收获（贵州省林业局供图）

种植大规模发展，不仅富裕了果农，而且绿化了荒山、大幅减少了进入黄河的泥沙量。经济林多样化的产品还是自然界很多昆虫、兽类、鸟类的食物来源。

经济林产品已经融入了现代生活的各个方面，成为小康社会一种不可或缺的生活方式。美味水果、饮品饮料、保健食品、山珍野味、天然洗护用品、汽车轮胎，乃至作为现代工业"大脑"的集成电路板，都可以见到它的影子。

全国经济林种植、采集、加工产值超过 2.2 万亿元，居林业产业之首，已经成为融合一、二、三产业的重要产业、部分地方的支柱产业。全国有经济林种植的县级行政区超过 2400 个，占全国县级行政区的 85%。全国从事经济林生产的人口超过 9100 万人，占农村人口的 17.8%。832 个脱贫县中，726 个有经济林种植，种植面积占全国的近一半，从业人口 4000 多万人，人均经济林年产值 1.3 万元左右，在助力打赢脱贫攻坚战、巩固脱贫攻坚成果、促进乡村振兴等方面发挥了重要作用。

⚫ 油茶丰收（龙元彬摄影）

▼ 花椒丰收（党亚诗摄影）

🌸 玫瑰（王庆刚摄影）

经济林产品还有很强的国际属性、文化属性，品种交流、资源培育、产品贸易、文化宣传等领域的国际交流十分频繁和活跃。历史上的丝绸之路还是天然香精香料之路、经济林果之路。通过丝绸之路引入中国的石榴，已经融入中华民族的传统文化而具有吉祥多福的美好寓意。如今，苹果、柑橘、葡萄、樱桃、油橄榄、茶、玫瑰、橡胶等众多经济林已经形成了全球化生产格局。

03　丰富多彩的经济林产品

　　经济林产品类型多样，既包括经济林树种生产的果实、种子、花、叶、皮、根、树脂、树液以及附生或寄生物所形成的直接产品，也包括经加工制成的食用油、食品、药品、香料、饮料、调料、能源、化工产品等间接产品。

🔘 咖啡（闰林摄影）

🔺 石榴

　　苹果、柑橘、梨、桃、核桃、板栗、荔枝、龙眼、杜果、榴莲等常见的干鲜果品，茶油、核桃油、橄榄油等食用植物油，茶叶、咖啡、可可等风靡全球的饮品饮料，花椒、八角、肉桂、胡椒等特色调料，竹笋、山野菜、蘑菇、木耳等美味森林食品都是经济林产品。此外，现代工业离不开的橡胶、轻工业领域应用广泛的天然香精香料、治病救人的传统中药、精美古朴的漆器艺术品、集成电路板的天然绝缘涂层等也是经济林产品大显身手之地。

△ 油茶

△ 苹果

△ 柑橘

△ 柿

△ 荔枝

△ 茉莉

04 全世界最大的生产能力

我国是经济林生产的大国。据不完全统计，我国经济林树种有 500~1000 种，具有一定种植规模、纳入统计体系的有 40~50 种。目前，全国经济林种植面积 4000 多万公顷，每年生产经济林产品超过 2 亿吨，是我国继粮食、蔬菜之后的第三大农产品。其中，苹果、柑橘、核桃、梨、桃、油茶、板栗、枣等多个经济林树种的种植规模、产品产量居世界首位。

🔻桃林（山东省林业局供图）

樱桃林中新农村（韩国斌摄影）

习近平总书记多次强调要树立大食物观，"在确保粮食供给的同时，保障肉类、蔬菜、水果、水产品等各类食物有效供给，缺了哪样也不行。"党的二十大报告明确要求：树立大食物观，构建多元化食物供给体系。2023年中央1号文件明确提出：支持木本油料发展，实施加快油茶产业发展三年行动，落实油茶扩种和低产低效林改造任务；树立大食物观，加快构建粮经饲统筹、农林牧渔结合、植物动物微生物并举的多元化食物供给体系。

向森林要食物，是树立大食物观的重要内容，经济林是森林食物生产的主体。大力发展经济林，是新

▼ 花椒林（陕西省林业局供图）

▶ 竹笋（王印摄影）

阶段林草发展的历史使命，是新阶段我国人口资源环境条件下的必然选择。随着社会生活水平提高和市场消费结构升级，经济林产品作为优质的自然生态产品，需求还会不断增加。

新时代中国经济林优化布局、提质增效、转型升级、实现高质量发展的潜力巨大、前景光明。

▲ 樱桃采摘节（李晓雯摄影）

▲ 油茶花（邱翠云摄影）

◎ 茶油产品

第二章
木本油料经济林

　　食用油是维持人类身体健康的基本营养物质，也是人们日常烹饪的重要原料。山地多、耕地少是我国农业生产的重要约束条件。这种约束在春秋战国时期就已开始显现。古人发现，一些树木的种子含有油脂，于是开始利用丘陵山地种植木本油料树种，弥补耕地油料生产的不足。这既是古人智慧的结晶，也是我国的历史传统。

　　据不完全统计，我国树木种子含油率较高的木本油料树种有 150 多种。这类用于生产食用油的森林，

▼ 油茶果实（邱晕云摄影）

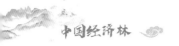

通常被称为本本油料经济林。目前，产业化技术体系比较成熟的主要有油茶、核桃、油橄榄、仁用杏、榛子。山茶油、核桃油、橄榄油等本本食用油已经开始进入千家万户，滋润着寻常百姓的生活。此外，长柄扁桃、文冠果、油用牡丹、元宝枫等也具有研究开发的潜力。

油茶是我国特有的本本油料树种，古称员木。《山海经》记载："员木，南方油食也。"油茶是小乔木或灌木，四季常绿、花果同期、寿命长，百年的油茶树依然可以大量结果。茶油是油茶籽加工得到的食

◎ 茶油生产线（邱翠云摄影）

用植物油，脂肪酸组成合理，以有利于健康的油酸和亚油酸为主，富含多种营养物质，耐储藏、品质好，适合我国传统高温烹饪饮食加工方式。茶油还是联合国粮农组织重点推荐的健康型食用油，有"东方橄榄油"的美誉。全国茶油产能约100万吨，是我国食用植物油消费量前十位的油种之一。

目前，全国油茶种植面积约7000万亩，主要分布在我国亚热带地区的15个南方省份的低山丘陵区。湖南、江西、广西三个省份油茶种植面积占全国的2/3，油茶种植面积10万亩以上的油茶大县近200个。经过多年科研，我国选育出"长林""湘林""三华""赣无""岑软""香花"等油茶良种200多个，其中主推品种16个、推荐品种65个，主推品种规模化种植盛果期茶油亩产可达40千克以上。

发展油茶是增加我国食用油产能的重要途径。规划到2025年，全国油茶种植面积达到9000万亩以上，茶油产能达到200万吨，可以满足8000万人食用油消费需求。

我国是核桃属植物的起源地和分布中心之一。云

注：1亩≈0.067公顷

△ 核桃

△ 核桃（云南省林业和草原局供图）

△ 油橄榄

南、四川、陕西、新疆等省（自治区）是核桃主产区。全国核桃种植面积超过 1 亿亩，产量超过 500 万吨，未来还会有较大幅度增长。核桃仁含油率近 70%，是很好的木本油料。核桃油色泽清淡、口感清香，历史上极为珍贵。随着核桃产量的增加，油料化利用已经具备条件，核桃油也会成为寻常百姓的日常油品。

油橄榄是世界著名的油果兼用树种，原产于地中海沿岸国家，有近 6000 年的栽培历史。1964 年，我国开始有计划地引种油橄榄，时任国务院总理周恩来亲自在昆明海口林场种下了一株油橄榄树苗。目前，甘肃省陇南市是我国油橄榄的主产区，橄榄油产量占全国的 70% 以上。我国的橄榄油虽然产量不大，但新鲜度和品质很好。

▽ 文冠果花（赤峰市林科所供图）

第三章
干鲜果品经济林

　　干鲜果品经济林是种植面积最大、产量最多、品种最丰富、与社会公众生活最贴近的一类经济林。我国疆域辽阔，地跨多个气候带，自然地理类型多样，是许多干鲜果品经济林品种的原产地。由于长期的经济文化交流，一些原产国外的品种也被引进并成功地扎根在这片土地上。

　　干果类经济林有枣、板栗、柿、榛、松、香榧等；水果类经济林有苹果、梨、桃、葡萄、猕猴桃、樱桃、山楂等；常绿果树有柑橘、荔枝、龙眼、枇

▲ 古枣树（贺宁杰摄影）

冬枣采摘（李世居摄影）

稷山板枣

杷、杜果、椰子、榴莲等；还有近年来兴起的富含花青素的小浆果类：蓝莓、树莓、蓝靛果、黑加仑、桑等。

经过科研人员的长期攻关，我国已经驯化选育出多个干鲜果品经济林优良品种，产量大幅增加，品质不断提升。目前，干鲜果品已经成为每家每户生活的必需品，全国每年人均干鲜果品产量达到 128 千克，成为新阶段中国公众消费需求从吃得饱向吃得好转变的重要标志。

枣原产我国，有 7000 多年栽培利用历史。《诗经·豳风·七月》中"八月剥枣，十月获稻"形象地

▲ 红枣丰收（杨勇强摄影）

描绘了一幅百姓的丰收图景。我国是枣的主产区，传统主栽品种有金丝小枣、灰枣、婆枣、骏枣、赞皇大枣、冬枣等。经过短短十几年的发展，新疆已经成为我国新兴的制干枣优势产区。同样是甜，制干枣的甜绵软，鲜食枣的甜酥脆。

我国常见的柿子品种有数十种，除了《长安十二时辰》带火了的陕西水晶柿，还有华北地区的磨盘柿、河南的牛心柿、广西恭城的月柿、浙江的方柿等各具风味的佳品。在秋冬时节的北京胡同里，不经意间就能看到四合院里高大的柿子树，橘红的、圆圆的柿子

⬤ 柿子红了（刘小楠摄影）

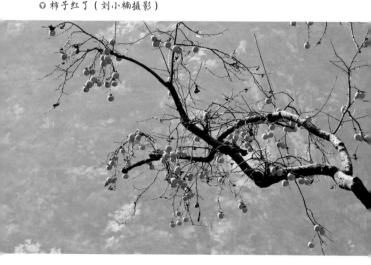

⬤ 月柿

⬤ 柿饼加工（田丁虎摄影）

古栗树（怀柔水长城景区供图）

越过院墙，把事事如意的祝福传递给路过的人们。

板栗种仁肥厚、味道香醇、营养丰富，有"铁杆庄稼"之称。我国是板栗的主产区，产量占世界的80%。手捧一包甜香软糯的糖炒栗子是很多人冬天最为期待的事情。

🔽 板栗（王广鹏摄影）

◔ 杏花（赵鸥摄影）

　　我国是杏的原产地，也是杏的主产区，有记载的品种达 3000 多个。相传张骞出使西域时带到伊朗等地，如今种植区域已经遍布五大洲。

　　杏有鲜食杏和仁用杏之分。

　　鲜食杏早熟，是春末夏初的时令水果，其美味不仅入口，而且入心。"小楼一夜听春雨，深巷明朝卖杏花""借问酒家何处有，牧童遥指杏花村"等诗句已经融入中国人的文化基因。

　　仁用杏耐干旱、耐寒冷，是华北和西部地区的重

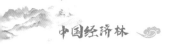

杏（轮台县林草局供图）

御道御杏熟了（孟祥江摄影）

要乡土树种，春天杏花烂漫装点了大好河山。杏仁独特的味道得到了东西方人们共同的赞誉。

我国榛属植物资源丰富，科研工作者杂交选育的平欧杂种榛新品种品相好、产量高、风味足，已经开始大面积推广。

◉ 榛子

红松是我国东北东部山地的常绿高大乔木树种，浅褐色的红松松子肉粒大而饱满，具有纯天然的鲜香口感，有"长生果""长寿果"的美誉。

🔻红松球果

△ 红松人工林（谭学仁供图）

薄壳山核桃原产美国和墨西哥，近20年来在我国南方地区发展迅速。坚果光滑美观，仁可直接食用，口感细腻香甜。

澳洲坚果又名夏威夷果，近年来在云南、广西等地大面积推广，种植面积已经超过原产地。

▽ 薄壳山核桃（碧根果）（朱允芬摄影）

▲ 澳洲坚果（夏威夷果）（宁德鲁摄影）

△ 香榧（喻卫武摄影）

　　香榧是红豆杉科榧属常绿针叶树种，起源于侏罗纪时期，在我国有 1500 多年的栽培历史。香榧果实

低糖、高脂、高蛋白，叶酸、烟酸含量丰富，常食有益人体健康。北宋时期，香榧是朝廷贡品，大文豪苏轼曾写诗赞誉："彼美玉山果，粲为金盘实。"

柑橘是世界第一大水果。我国柑橘种植面积和产量均位居世界首位。柑橘是一大类水果的总称，包括

⊙柑橘园（王敏智摄影）

金柑、宽皮柑橘、甜橙、柠檬、柚和葡萄柚等。我国柑橘生产利用气候带、海拔布局不同品种，基本实现了全年供应。

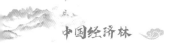

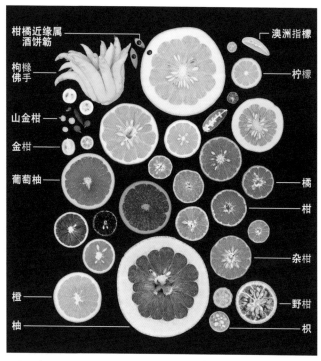

柑橘近缘属 酒饼簕

枸橼 佛手

山金柑

金柑

葡萄柚

橙

柚

澳洲指檬

柠檬

橘

柑

杂柑

野柑

枳

◎ 柑橘家族（徐强　郭文武供图）

只要谈到水果，大家最先想到的可能都是苹果。苹果富含维生素等营养物质，常食有利于健康。《圣经》称苹果为智慧果，西方谚语有"an apple a day, keeps the doctor away"（"一天一个苹果，医生远离我"）的说法。全世界有80多个国家栽培苹果，主栽品种为富士系、嘎啦系、元帅系和金冠等。

我国新疆有野苹果分布，有专家认为是苹果的原

▽ 苹果

▲ 苹果（山东省林业局供图）

产地。现代苹果品种引入我国推广栽培已经有100多年历史，种植面积、产量已居世界首位。

近年来，我国科研工作者选育出了"瑞雪""秦脆""华硕""鲁丽"等具有自主知识产权的苹果优良新品种，已经开始规模化推广种植。

● 苹果采收（山东省林业局供图）

苹果（山东省林业局供图）

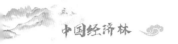

梨是世界四大水果之一。我国梨栽培面积和产量一直居世界各国之首。

🔻 库尔勒香梨（姚谦摄影）

梨花（杨涛摄影）

桃原产中国。我国传统名桃品种有深州蜜桃、肥城佛桃、阳山水蜜桃、奉化玉露桃和黄甘桃等。

△ 桃

△ 蟠桃

△ 葡萄

葡萄种类繁多，按照用途可以分为鲜食葡萄、制干葡萄、酿酒葡萄、制汁葡萄。我国是葡萄生产大国，有2500多年的栽培历史。目前，我国的鲜食葡萄栽培面积和产量占世界的近一半，葡萄干产量居世界第三位，葡萄酒产量居世界第十位。

△ 葡萄

葡萄（杜彦敏摄影）

　　樱桃是落叶果树中成熟最早的，有"春果第一枝"的美誉。我国目前栽培的品种主要是中国樱桃和欧洲甜樱桃。

○ 樱桃

▲ 樱桃（张胜邦摄影）

▲ 石榴（侯乐峰摄影）

　　石榴原产中亚，相传为张骞出使西域时引入我国。目前在我国分布广泛，形成了云南蒙自、四川会理、陕西临潼、山东峄城、河南河阴、新疆叶城、安徽怀远等主要产区。

🔽 石榴（龚向东摄影）

🌿 蓝莓（山东省林业局供图）

　　蓝莓为杜鹃花科越橘属植物，是一种经济价值较高、具有保健作用的浆果，被联合国粮农组织列为人类五大健康食品之一。

风靡世界的奇异果，实际是原产我国的猕猴桃。经过科研人员的努力，国产的猕猴桃口感品质已经不输洋品牌。

猕猴桃（王晓兵摄影）

我国是荔枝的起源中心，也是世界上最早栽培荔枝的国家，目前栽培面积、产量位居世界首位。很多人都知道"一骑红尘妃子笑，无人知是荔枝来""日啖荔枝三百颗，不辞长作岭南人"等诗句背后的历史典故。

▲ 荔枝（苏铫贤摄影）

枇杷是南方成熟最早的果中珍品，果肉柔软多汁、甜酸可口，"贵妃""三月白""漫山红"等新品种更具滋味。枇杷不仅有口腹之实，更有一种"文人气质"。读罢"雨熟枇杷树树香，绿阴如水昼生凉"，意境油然而生，极易把思绪带入那轻鸥渔船的烟雨江南。

◉ 枇杷

🔶 杧果

　　杧果是世界十大水果之一，被誉为"热带果王"。我国是世界第二大杧果生产国。

椰子全身都是宝。椰汁鲜美，椰肉鲜香，椰子油是世界四大木本食用植物油之一，椰壳雕艺术品热带风情浓郁。海南等地的椰子树，还是沿海防护林的主要树种。

◎ 椰子（海南省椰子产业协会供图）

△ 椰树（文昌市融媒体中心供图）

菠罗蜜（吴刚摄影）

△ 波罗蜜果实（果苞横切面）（吴刚摄影）

　　果实硕大的波罗蜜、榴莲是引进树种，现在都已扎根我国，成为居民餐桌上并不罕见的果品。

　　我国的干鲜果品实在不胜枚举。不论是常见的树种，还是曾经引进的稀有品种，经过科研工作者和农民的精心培育，都适应了这片土地，生长在这片土地上的人们也适应了其口味。

▲ 落叶景（张龙摄影）

△ 杨梅（夏云飞摄影）

🔺 茶园（彭丽君摄影）

第四章
精美饮料经济林

沈从文写道："许多城市中文明人，把一个夏天完全消磨到软绸衣服、精美饮料以及种种好事情上面。"在炎炎夏日喝上一口清凉饮品也算是古今一同。常见的饮品除了茶、咖啡、奶茶、酸梅汤等，还有沙棘汁、刺梨汁这些饮品中的"新兴势力"。

我国是茶树的起源中心和最早栽培地，多地发现高 20 多米的大茶树。我国也是世界第一产茶大国。茶叶在东西方文化交流中起到极为重要的作用。我国有绿茶、黄茶、黑茶、白茶、青茶（乌龙茶）和红茶六大基本茶类，还有花茶、紧压茶等再加工茶类。

咖啡是世界第一大饮料作物，原产非洲。我国咖啡主要在海南、云南、台湾等地区种植，面积和产量不大，但风味浓郁独特。

🔵 咖啡（闫林供图）

⚫ 咖啡豆晾晒（闫林供图）

沙棘是胡颓子科沙棘属植物的总称，主要分布在我国西部地区，具有耐寒、耐旱、耐瘠薄的特点，早期作为水土保持植物推广种植。目前，全国约有3000多万亩的荒山戈壁被沙棘装点成绿色，既可保持水土、涵养水源，又带来了很好的经济效益。

沙棘的果实富含黄酮、维生素、微量元素、皂苷类等营养物质，常因果汁含量多而被误以为是浆果，但它们是实实在在的核果。沙棘制品涵盖饮料食品、保健品、药品和化妆品等种类。我国沙棘果品产量约占全球的90%以上，但沙棘产品产量仅占全球产量的20%，在深化研发能力、开展资源综合开发利用方面，仍具有广阔的前景。

沙棘（胡建中摄影）

沙棘（宫兆明摄影）

刺梨是蔷薇科植物，主要分布于我国西南地区，金黄色、带刺、小灯笼般的果实分外漂亮，还有着"深藏不露"的丰富营养。刺梨果实富含膳食纤维、维生素、抗氧化物质等，有"三王圣果"的美誉。

果汁饮料、果酒、果醋、果脯、营养口服液、护肤面膜等刺梨制品都尽情发挥着它的作用。清初著名历史学家陈鼎写的《黔游记》："刺梨野生，夏花秋实，干与果多芒刺，味甘酸，食之消闷，煎汁为膏，食同枯梨，四封皆产，移它境则不生。"从20世纪80年代初起，贵州率先开始刺梨的驯化、种植和加工。如今，刺梨不只藏在深山，云南、四川、重庆、湖南、广西等地的刺梨产业也已初具规模。

◎ 刺梨

第五章
烹饪调料经济林

　　说起烹饪调料，大家都不陌生，红烧、卤味、火锅、烧烤中飘散着肉蔻、肉桂、丁香、花椒、八角等的香味，能瞬间勾起人们的食欲。

　　花椒为芸香科花椒属植物，为我国原产的传统调味品。我国花椒栽培面积、产量占世界的90%以上，花椒在日本、韩国和马来西亚等国家有少量分布。花椒不仅有独特的芳香，也有着自己的"性格"，位列调料"十三香"之首。

　　在众多的调料中，花椒想必是最浪漫的一种。

《诗经·陈风·东门之枌》描写了男子手握花椒穿过拥挤的人群去追求女子的场景——"穀旦于逝，越以鬷迈。视尔如荍，贻我握椒"。中国式爱情的含蓄与花椒的爽利相得益彰。

❀ 花椒（陕西省林业局供图）

△ 八角（李开祥摄影）

八角是我国南亚热带地区重要的本草调味香料，近年来还被作为防治流感病毒药物磷酸奥司他韦（达菲）的重要原料，主产区在广西、云南等地。

肉桂是药食同源的好食材，既是美味浓郁的调料，又是传统中药。《伤寒论》中34%的方剂都含有肉桂，当前全国有500多种中成药含有肉桂成分。广西、广东是肉桂的主产区，种植面积占全国的95%以上。广西作为肉桂最大产区，形成了"广西肉桂"地理标志产品品牌。

相比于花椒，肉桂的味道甘甜中略带辛辣，以沉稳的力道击穿食材的肌理，并赋予它们更加醇厚的口感。《庄子·人间世》中借助了肉桂的意象，阐释关于有用、无用的哲思，"桂可食，故伐之；漆可用，故割之。人皆知有用之用，而莫知无用之用也"。肉桂的深沉醇厚也从味道中沉淀到了人类深邃的哲学沉思之中。

🌸 橡胶林（刘实忠摄影）

第六章
工业原料经济林

  工业原料经济林是经济林的重要种类，比如三叶橡胶、漆树、油桐、山苍子、无患子等树种，在香料产业、功能材料、化工涂料、生物能源、油墨印刷、航空航天、汽车工业、轨道交通、国防军工、机械制造、医药卫生等领域有着重要作用。

  三叶橡胶树原产于南美洲亚马孙森林地区，皮受损后分泌的胶乳是生产天然橡胶的原料。橡胶是极为重要的工业原料。受气候条件影响，我国橡胶种植区域主要在海南和云南西双版纳地区，天然橡胶进口依

△ 无患子（贵州省林业局供图）

存度较大。

　　松脂是松属树木分泌出来的树脂，是重要的林产工业原料。松脂经加工后取得的挥发性萜烯类物质称为松节油，非挥发性的树脂酸混合物即为松香。我国松脂产量占全球将近一半。

　　漆树原产于中国，除黑龙江、吉林、内蒙古、青海、宁夏和新疆外，其他各省份均有分布。从漆树皮层采割的乳胶状汁液被称为生漆。《史记》记载庄子

▲ 割胶（刘实忠摄影）

曾做过漆园吏。

　　漆器大家应该都有所耳闻。素髹、髹画、描金、堆漆、犀皮等髹饰技法使凝稠厚重的生漆变得光彩夺目，仿佛将大地生命的色彩凝固在温润的漆器中。古老的生漆更是工业塑料的鼻祖、现代涂料工业的始祖，英国科技史学家李约瑟认为它是"地地道道从中国传过去的整个化学最重要的根源之一（即使不是唯一重要的根源）"。

◎ 剔红栀子花纹圆盘（故宫博物院藏）

🌸 茉莉花（黄汝德摄影）

　　茉莉花自东汉时期被引入我国，已经深深融入民族文化的血脉之中。茉莉花是人们喜爱的观赏花卉，也是香料工业和制茶工业的主要原料。广西横州市是著名的"中国茉莉之乡"，10万亩茉莉花田，年产鲜花8.5万吨，产量占世界的60%。

　　令人舒爽的柠檬香氛不一定来自柠檬，也可能取自山苍子。山苍子是樟科木姜子属的落叶小乔木，浅黄绿色的小花飘散着淡淡的柠檬香。山苍子花、叶、果皮是提制柠檬醛的主要原料。山苍子精油的主要成分正是柠檬醛，它既是食用香精，也是合成紫罗兰酮、鸢尾酮、柠檬腈等高级香料的重要原料。

◎ 山苍子

△ 白木香果实（含有树脂的木材为传统药材沉香）

第七章
传统中药经济林

　　中医药是我国优秀传统文化的代表，而林源性中药材是其重要实物载体。林源性中药材品种众多，据不完全统计，可以入药的乔木、灌木、木质藤本、亚灌木、附生寄生植物有 4800 多种。其中常见的木本药用植物有 190 余种，还有很多生长于森林环境下的药材。主要包括银杏、黄檗、杜仲、厚朴、山茱萸、枸杞、金银花、连翘、青风藤、五味子、沉香、降香、龙血竭、五加皮、人参、知母、天麻、石斛、肉苁蓉、锁阳、黄芪、重楼、黄精、茯苓等。全国森

银杏（叶、果物可入药）（季建平摄影）

○ 肉苁蓉花（沙生植物梭梭的寄生植物，肉质茎入药）（屠鹏飞摄影）

林药材经济林种植面积约 4000 万亩。形形色色的
中药材听起来很遥远，实际上它们就在我们身边。红
枣、丁香、八角、罗汉果等常见的食材也可以入药。

🌺 牡丹（根皮入药）（杨彦利摄影）

▲ 石斛（附生植物，落入药）（季夏初摄影）

　　杜仲是杜仲科杜仲属落叶乔木，我国特有了遗树种，被誉为"植物活化石"，在四川、重庆、湖北、贵州、湖南、江西等省份山区大规模种植。作为名贵中药材，《神农本草经》还给了杜仲一个优雅的别名——思仙，这是传统医学典籍对它补肝肾、强筋骨、安胎功效的形象描述。此外，杜仲叶、皮和果皮中含有一种白色丝状物质——生物基高分子材料杜仲胶，在航空航天、国防、船舶等领域具有开发应用潜力。传统的杜仲走入了科技时代，也焕发出新的活力。

🔻 杜仲（树皮入药，籽壳含胶量高）

⚘ 枸杞（邢学武摄影）

对于枸杞，想必大家都不会陌生，毕竟没有泡过枸杞，也可能在别人的保温杯里见过。它是茄科枸杞属多年生落叶小灌木；全世界枸杞属物种有 80 余种，中国自然分布 7 种 3 变种，除海南省外其他各地均有分布，多数在西北和华北；有中华枸杞、宁夏枸杞、黑果枸杞等。

枸杞在我国已有 3000 多年的药用历史，宁夏枸杞和中华枸杞是利用最为广泛的两个品种。枸杞的

▲ 枸杞（邢学武摄影）

叶、花、果、根均可入药，所以有"春采叶，名天精草；夏采花，名长生草；秋采子，名枸杞子；冬采根，名地骨皮"的说法。枸杞富含多糖、氨基酸、甜菜碱、牛磺酸等营养成分，具有明目、保肝、补肾、健脑、滋阴补气等功效，是药食同源的滋补佳品，可用于泡酒、泡茶、泡水、煲汤、煮粥等，一直受到中外医学界和食疗界的推崇。

△ 厚朴（皮入药）（浦锦宝摄影）

◊ 香椿

第八章
说不尽的经济林

蔬菜不一定在泥土里，也有可能生长在树上。槐花、香椿芽、花椒芽是各地餐桌上的"常客"。对出门在外的旅人来说，它们饱含着家乡的味道，只因浸润着那片土地的气息。

说到竹笋，我们可能会想到五花八门的种类和烹饪方法，古人有"居不可无竹、食不可无笋"之说，竹笋是颇具代表性的南方食材。竹笋是竹子初生、嫩肥短壮的幼芽。按季节分，有春笋、夏笋、冬笋之分。并非所有的竹笋都可以食用，在我国500多种

竹子中，可食用的有近百种，称为笋用竹。

笋用竹主要分布于长江淮河流域及其以南地区，其中长江流域至南岭山脉主要分布和栽培散生型笋用竹，如毛竹、雷竹、苦竹等；西南高山区主要分布方竹、箬竹、箭竹等笋用竹，西南低山丘陵区则分布和栽培多个散生型和丛生型笋用竹。

竹笋口感脆嫩鲜美，富含蛋白质、氨基酸、膳食纤维、维生素以及多种矿物元素和微量元素。随着经济社会的发展和生活水平的提升，竹笋以其富含膳食纤维、低脂肪等优点，成为备受青睐的健康食品。

❀ 竹笋（何磊摄影）

竹笋采收（张维摄影）

随着春天的到来，南方的竹笋争相破土而出，北方的香椿也静静地伸展出绿里透红的嫩芽。此时，人们不会忘记品尝春天的味道。香椿为椿树中唯一可以食用的树种，被称为"树上蔬菜"，已有4000多年栽培和利用历史。它不仅风味独特，而且营养价值较高，富含钙、镁元素及人体必需的氨基酸，其蛋白质含量、抗氧化能力均高于普通蔬菜。有"常食椿巅，百病不沾，万寿无边"的说法。

△ 香椿（刘军摄影）

　　北方冬季里温暖的糖炒栗子，南方晨光里脆嫩的冬笋虾饺，各地的风情习俗或许不同，但各地人民都享受着森林的馈赠。杏仁、桂花、橡子、松仁等特色产品也都从各自的产地走入千家万户。

🍂 杏仁

橡树属壳斗科栎属，常绿或落叶乔木，是我国温带和暖温带地区森林的主要组成树种，分布广泛。我国橡树约有 60 种，其中落叶橡树有 20 余种，包括白栎、麻栎、栓皮栎、槲栎、枹栎等。

橡树的果实被称作橡子、栎子，富含淀粉、油脂、单宁、维生素等营养物质。有的橡子可以直接食用，生吃香甜可口。有的生食口感苦涩，难以消化，不可直接食用。但这并不能难倒善吃的老饕们。

◊ 橡实

《庄子》记载有巢氏之时上古之民"昼拾橡栗，暮栖木上"。如今，福建省建瓯、屏南等地将采收的橡子经过挑选、晒干、研磨、过滤等工序后制成黄褐色的橡子淀粉，制作成了当地一种特色美食——"鸳鸯面"。

相比于橡子，桂花则完全给人一种甜蜜的印象。桂花糕、桂花蜜、桂花酒都是大家对桂花的第一印象。除此之外，桂花还是一种有"风骨"的植物，《楚辞》中有24处提及"桂"字，可见屈原对其喜爱甚多。

桂树正是凭借这种由内而外的美感而成为广泛栽培的园林观赏植物。民间俗称的"桂花"泛指木樨科木樨属的多种植物，中国是木樨属树种的现代分布和演化中心，共有25种。原产中国的野生桂花资源丰富，栽培桂花的类型繁多，在漫长的栽培过程中形成了花香、花色、花期、树形和叶色各异、丰富多彩的品种，截至2021年年底，已鉴定、记录和授权保护的桂花品种超过220个。作为中国十大传统名花之一，形成了江苏苏州、浙江杭州、湖北咸宁、四川成都和广西桂林五大桂花产区。

桂花（高扬凯摄影）

柠条,也叫白柠条或毛条,是豆科锦鸡儿属落叶灌木,具有耐寒、耐旱、耐瘠薄等特点,一般生长在海拔900~1300米的向阳坡或半阳坡,在我国三北地区的内蒙古、陕西、宁夏、甘肃等地都可以见到它的身影。

柠条的枝、叶、果实富含蛋白质、矿物质、维生素,是非常好的畜牧饲料。用柠条喂奶牛,可以提高牛奶中的乳脂肪、乳蛋白、乳糖以及乳中的干物质,让牛奶的品质更上一层楼。用柠条草粉喂蛋鸡,可以提高产蛋量,还能减少软皮蛋和无黄蛋的数量。北方干旱半干旱地区,每当冬春枯草季节或遭遇特大干旱、暴雪"黑白灾"时,柠条就成了牲畜或野生食草动物的"救命粮"。

柠条根深叶茂,植被覆盖地表,防风固沙和水土保持效果好,是三北地区优良的固沙和荒山绿化灌木经济林。有一首民谣唱道:"柠条是个宝,既是林又是草,防风固沙保耕地,放牧烧柴作肥料,还是牲口救命草。"

▲ 柠条（高小军摄影）

我们再来认识另一种生产饲料的木本植物，那就是"全能树"——桑。桑是桑科桑属落叶乔木或灌木，起源于中国，栽培范围遍及全国。我国还是世界桑树的分布中心，是全球桑种资源最丰富的国家。

△ 桑葚

△ 桑树

　　桑叶具有蛋白质含量高、氨基酸种类丰富、纤维素含量低等特点，有"蛋白质制造工厂"的称号。同时，桑叶中富含铜、锌、锰、铁、铂、硒等微量元素，可以增强动物的免疫力，可谓是纯正的天然营养保健品。桑是传统的家蚕饲料，《说文解字》中把"桑"直接解释为"蚕所食叶木"。除养蚕外，桑也可喂猪、鱼、鸡、牛等。

　　桑树全身都是宝，除作为饲料外，还有多种用途。桑叶是常用中药材；桑葚可酿酒、生产酵素，经炮制还可入药；桑树的枝条顶尖可做桑茶；木材可制器具；桑皮可作为造纸原料。

有一种植物编织的器具充满生活气息，承载着传统手工的悠悠岁月，这种植物就是沙柳。

沙柳别名蒙古柳、西北沙柳、北沙柳，为杨柳科柳属落叶丛生灌木，是固沙造林的先锋树种，也是极少数可以生长在盐碱地的一种植物。该树种抗性强，喜湿、耐寒、耐风沙，生长快，萌芽力强，具有干旱旱不死、牛羊啃不死、刀斧砍不死、沙土埋不死、水涝淹不死的"五不死"特性，主要分布在中国北方，如内蒙古、甘肃、宁夏以及青海海东、陕西北部、河北北部。此外，在山西、云南、西藏等地也有分布。

　　沙柳枝条整体粗细匀称、坚韧柔软、不易折断，是编织的好材料。将其剥去外皮，加工处理，可制成各种精美的日用器具，主要有箩筐、提篮、簸箕、箱包等，既轻便牢固，又经久耐用。榆林地区的靖边柳编就是以沙柳为原材料，极具地方特色，曾一度风靡海内外，深受广大群众的欢迎和喜爱。有言道"靖边姑娘手手巧，柳编出口销路好"。

　　一根根沙柳不仅可以编织实用美观的篮子，还可用于筑篱笆、编栅栏、建筑简易房屋、做刨花板及生物质发电，生态效益与经济效益并行发展，可谓是沙

▽沙柳

中国经济林

区群众的"绿色银行"。

皂角又名皂荚、天丁、皂针，为豆科皂荚属落叶乔木，树干上长着很多坚硬的长刺。皂角在我国分布广泛，零星自然散生于村寨附近或田边地角。

皂角的果实皂荚中含有的丰富皂素，是天然的洗

△ 皂角叶、花、果、刺

涤剂。古人常将皂角果荚晒干捣碎，再加水熬煮成黑色黏稠的液体，用来清洗头发。由于皂角的皂素为天然非离子洗洁剂，在现代工业中还被用作贵重金属的清洗剂。

组织策划：高均凯　谭晓风　马锋旺　郭文武
　　　　　乌云塔娜

专家支持：（按姓氏拼音排序）

陈尚钘　戴晓勇　樊卫国　郭文武
胡建忠　霍俊伟　姜成英　雷玉山
李付鹏　李开祥　李松刚　刘　成
刘　军　刘孟军　刘松忠　罗正荣
马锋旺　宁德鲁　秦　岭　阮建云
孙　蕾　孙　磊　谭晓风　谭学仁
唐建宁　唐敏敏　屠鹏飞　王贵禧
王开良　王小展　王玉柱　魏安智
魏建和　乌云塔娜　吴　刚　吴家胜
习学良　徐　娟　闫　林　张飞龙
张继川　张俊佩　张立彬　赵登超
赵廷宁　郑少泉　周文志　周兆禧
祝毅娟

文稿撰写：高均凯　荆鸿宇　王胜男

特别鸣谢：河北省林业和草原局

山西省林业和草原局

内蒙古自治区林业和草原局

黑龙江省林业和草原局

江苏省林业局

浙江省林业局

安徽省林业局

山东省自然资源厅（山东省林业局）

广东省林业局

广西壮族自治区林业局

海南省林业局

贵州省林业局

陕西省林业局

宁夏回族自治区林业和草原局

新疆维吾尔自治区林业和草原局

中国野生植物保护协会

本书中未署名图片由国家林草局发改司提供